献给皮尔霍、海基、洛塔和迈克尔，
因为你们，家里随时随地都可以上网。
书中的安卓机器人是以谷歌公司创建和共享的作品为原型设计而成的，
它的使用符合《知识共享许可协议2.0版本》的相关条款。

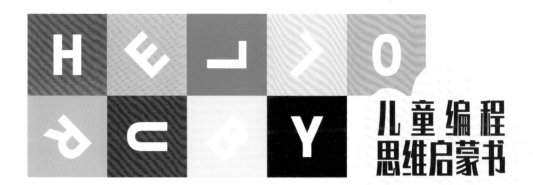

HELLO RUBY

儿童编程
思维启蒙书

这就是
互联网

（芬）琳达·刘卡斯 著
（Linda Liukas）

王新佳 曲 正 译

化学工业出版社
·北京·

北京市版权局著作权合同登记号：01-2021-2820

图书在版编目（CIP）数据

这就是互联网/（芬）琳达·刘卡斯（Linda Liukas）著；
王新佳，曲正译. —北京：化学工业出版社，2021.6
（HELLO RUBY 儿童编程思维启蒙书）
ISBN 978-7-122-38976-3

Ⅰ. ①这…　Ⅱ. ①琳…②王…③曲…　Ⅲ. ①互联网络-
儿童读物　Ⅳ. ①TP393.4-49

中国版本图书馆CIP数据核字（2021）第071277号

责任编辑：谢婕妤　肖志明
责任校对：李雨晴
装帧设计：史利平

出版发行：化学工业出版社
（北京市东城区青年湖南街13号　邮政编码100011）
印　　装：北京华联印刷有限公司
787mm×1092mm　1/16　印张$6\frac{1}{4}$　字数150千字
2022年1月北京第1版第1次印刷

购书咨询：010-64518888
售后服务：010-64518899
网　　址：http://www.cip.com.cn
凡购买本书，如有缺损质量问题，本社销售中心负责调换。

定　　价：59.00元　　　　　版权所有　违者必究

目 录
CONTENTS

写给爸爸妈妈的话

计算机和网络已经成为现代社会孩子们日常生活的一部分，它们伴随着孩子们成长。通过网络，他们可以和世界另一端的孩子聊天、玩游戏。互联网与孩子的童年越来越密不可分。

孩子们把上网看作是自然而然的事。很少有人会思考互联网是什么，它又是怎样工作的。露比和她的朋友们决定用雪来搭建互联网，可是刚开始就遇到很多问题。互联网像什么呢？像一团云，还是一堆电缆？信息是如何在互联网上传递的？我们为什么要通过互联网和别人联系？

在这个故事里，露比、茱莉亚和姜戈用雪搭建了一个互联网。他们在里面遇到了许多奇妙的事情，有些甚至有点儿吓人。但最重要的是，他们喜欢这次探险，很享受那种冒险的感觉！

这本书适合由家长陪同孩子一起阅读。您可以自己决定，是先完整读完前面的故事再做后面的练习，还是每读几页故事就翻到后面相应的活动手册部分做练习。活动手册共有六个单元，每个单元都有几组练习，让孩子们在学习互联网知识的同时尽情发挥他们的创造力。如果孩子们做错了，也再正常不过，请您从不同的角度看待这些问题。

工具箱里给您准备了一些背景知识，列出了与每个讨论话题相关的概念。本书的最后有术语表，列举了全书相关的所有概念。

我自己从二十年前就开始接触互联网。在我记忆里，互联网的存在比现在更自然和无声无息。我在互联网里开始了一场冒险——为我崇拜的偶像搭建粉丝网站。

这么多年以来，互联网历经变化。今天的互联网更商业化，有各种APP和广告，孩子们更需要学会如何把它运用好。将来的互联网也许会更加不同。它说不定会变成复印机、跑道、时光穿梭机或者是宇宙飞船呢！

人物介绍

露比（Ruby）

我喜欢学习新知识，我不喜欢放弃。我喜欢分享我的想法，比如：我爸爸是最棒的！我很会讲笑话。我喜欢搞恶作剧。我爱吃不放草莓的纸杯蛋糕。

生日	2月24日
爱好	地图、密码、聊天
讨厌的事	我讨厌困惑。

D头禅	为什么？
神秘超能力	我会想象一些看似不可能的事情。

茉莉亚（Julia）

我想长大后当一名科学家。我喜欢机器人技术。我有世界上最智能、最可爱的AI玩具机器人。露比是我最好的朋友。我有一个最棒的哥哥叫姜戈。

生日	2月14日
爱好	科学、数学、印度语、蹦蹦跳跳
讨厌的事	我讨厌人们对问题草草下结论。

D头禅	让我好好想想！
神秘超能力	我能同时做很多事情，比如100件！

姜戈（Jango）

生日	2月20日	D头禅	简单总比复杂好。
爱好	看马戏、哲学和语言	神秘超能力	我总是有办法。
讨厌的事	不喜欢排队时推推搡搡。		

网页和应用程序

浏览器

客户端

路由器

DNS（域名系统）服务器

互联网

服务器

光纤

蜂窝塔

3

用雪做一个互联网

露比和茱莉亚有时会
闹别扭。

"我能用想象
解决一切问题。"
露比说。

"找到事实的真
相才重要！"茱莉亚
说，她可是想当科学
家的。

"别那么无聊。"
露比打断了她。

"哎，你不要
太孩子气了。"茱
莉亚像个大人似的
叹着气说。

这样的争论总是不会持续太久。两个人很快就和好如初，愉快地一起玩耍了。

*Margaret Hamilton，玛格丽特·汉密尔顿，伟大的女程序员，她写的代码把人类送上了月球。

这一天下雪了。放学回到家后，露比和茱莉亚迫不及待地跑出去玩雪。

"咱们玩点儿什么呢？"露比一边穿她那双绿色的雪地靴一边问。

"我们用雪造一个大城堡吧！"茱莉亚建议道。

"好主意！我知道怎么造城堡。"露比说。

外面的一切都被白雪覆盖。

"咱们是不是该做一个雪天使?"茱莉亚问。

"不,我想做个……雪妖怪。"露比咯咯笑着。

茱莉亚也大声笑了起来:"露比,原来你就是个雪小姐!"

"打雪仗啦!"有人在女孩们背后大声喊。

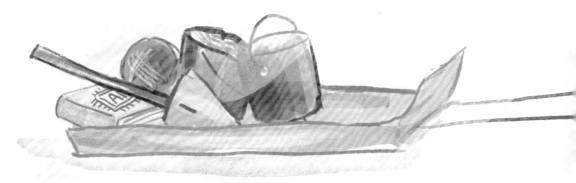

"真讨厌!"露比一边嘟囔,一边晃头把头发里的雪甩掉。

"我们不想和你打雪仗,姜戈。我和茱莉亚打算用雪盖一个有尖顶的城堡,还有很多很酷的东西!"

"比如什么?"姜戈问。

"比如……一个……互联网!"露比回答道。

"雪做的互联网?真是个好主意!"茱莉亚说,顺便瞪了她哥哥一眼。

“如果人多点儿就好办了。”姜戈小声嘀咕。

“他说得对啊！”茱莉亚叹了一口气，“我们
是不是应该叫他一起玩儿呢？”

“好吧，但他得听我们的！”露比说。

13

抓过手套, 拎起水桶和绳子, 他们迅速做好了准备。

但是, 从哪儿开始干呢?

"我们是不是该把互联网建在房子前面的花园里?" 姜戈问。

"互联网可不是一个什么地方。" 露比纠正他说。

"好了, 露比, 你来负责吧。那你觉得互联网是什么?" 姜戈回答。

"互联网是由**各种各样好玩的东西**组成的。"露比兴奋地介绍。

"比如小猫、会跳舞的仓鼠和特别有意思的谜语。在互联网上，你可以交一千个新朋友，还可以给自己做十亿个替身。"

茱莉亚也打开了话匣子："互联网里有很多信号塔和电缆。上至太空中的卫星，下到海底的深处，**没有互联网到不了的地方。**互联网是以光速传输数据的。有时候，互联网藏在一个大大的云里面。"

　　最后，茱莉亚做了个总结："互联网是世界上最大的游乐场攀爬架。"

网关超时

姜戈也加入了讨论："上网冲浪太有意思了。你可以往世界各地发消息！"

"但信息是怎么找到路线的呢？"露比问。

"信息遵守互联网交通规则。**互联网上的每样东西都有自己的地址**，所以找到目的地并不是什么难事儿！"

未找到

404

多种选择

300

成功

200

21

露比、茉莉亚和姜戈忙忙碌碌地干了几个钟头。

"都准备好啦？"露比长出了一口气。

雪做的互联网终于有
点样子了，然而……
"怎么跟我想的不太
一样啊？"露比有点泄气。

"电缆还没装上呢。"茉莉亚给露比鼓劲儿。

"我们还应该把地址给放上。"姜戈补充说。

露比努力地想,突然
说:"我知道了!"

"更多的朋友啊！我们需要有**更多的朋友加入进来**，它才像真正的互联网！我去找一些企鹅来！"

露比太激动了，以致都忘了她不应该自己一个人行动，尤其这时天已经快黑了。

露比远远地看到了企鹅，向它们挥手。这时，冰下有什么东西把她吓了一跳。

"露比！你还好吗？"姜戈问，"我们听到你大声喊，就赶紧顺着你的脚印赶过来了。"

"现在没事了。"看到露比含着眼泪，茱莉亚安慰她说。

露比点点头，擦干了眼泪。

"我看现在要下雪了。"露比冷静下来了。

"这边有'小心薄冰'的警告标识，我想肯定有它的道理。"

"我们还是应该小心点儿，但不用害怕。"茱莉亚说着抱了抱露比。

"我们还是回去玩儿雪做的互联网吧！"姜戈建议。

"都准备好啦？"露比吃惊地问。

朋友

商店

家

200

34

服务器

"互联网简直太棒了！"露比喊出了声。
"有这么多好玩儿的东西！"

用雪做互联网太好玩儿了。

"它是由一个一个的小物件组成的。"茱莉亚开了个头。

"然后把它们再聚集到一起。"露比继续说。

"但如果没有我们这些好朋友，它就不是互联网了。"茱莉亚补充说。

"我们真是一个好团队！"姜戈说，他脸上洋溢着微笑。

活动手册

互联网是什么？是像露比想的那样，是一个和朋友们聊天、玩游戏的地方吗？还是像茉莉亚说的那样，也许就是一堆电缆？还是像姜戈以为的那样，是计算机彼此交流的一种方式？

做好准备，和我们来一场互联网的探险之旅吧！

第一单元

互联网是什么？

露比、茉莉亚和姜戈用雪做了一个互联网，他们玩得很开心。但是，实际上互联网要比这复杂多了。

互联网是由世界各地的计算机组成的一个巨大的网络。在互联网里，数据可以从一台计算机传输到另一台计算机，它们能够彼此对话。

你能在互联网上玩游戏、聊天、看视频、发邮件、浏览网站或者购物。当然，你还可以在网上结交新朋友和学习新技能。

工具箱

在互联网里，计算机彼此相连、信息共享。互联网由硬件和软件构成。其中电气、机械部分，例如电缆、路由器和服务器，被称为硬件。指令、协议和程序被称为软件。

最重要的是，互联网是由人类建造的，目的就是为了彼此分享和交流。

互联网	网络	硬件	软件

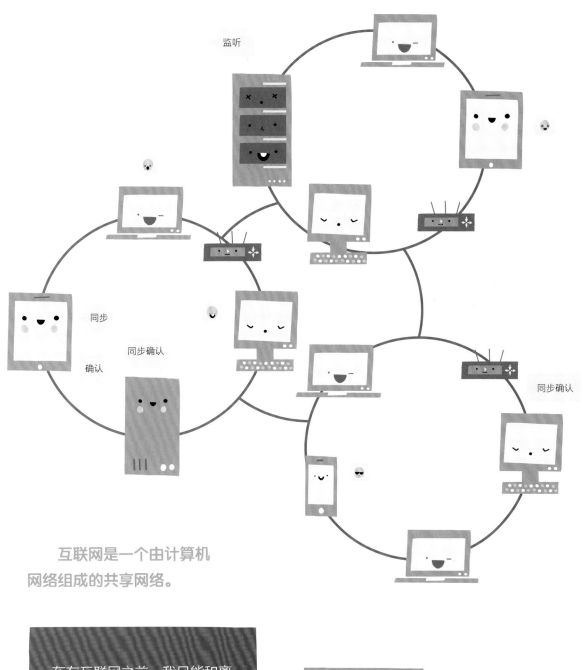

监听

同步

同步确认

确认

同步确认

互联网是一个由计算机
网络组成的共享网络。

在有互联网之前，我只能和离
我最近的计算机朋友们交流。
但现在，我可以和全世界几百
万台计算机共享信息了。

你能用互联网做什么?

你上网可能用的是计算机、笔记本、手机、平板电脑或者游戏控制器。但你想过吗?你家的闹钟、洗衣机和某件玩具也许也能接进互联网。

你一天中往往会使用好多次互联网,有时连你自己都没意识到。请你在一个星期中连续记录每一次上网经历,看看每次都做了些什么。然后,再和一个朋友的上网记录作比较,看看有什么差别。

日期	设备	活动

一个星期中,
我上了几次网?

讨论一下

如果不能上网,你怎么做这些事情?问问你的家长,在没有互联网的环境中长大,是一种什么样的感觉。

互联网是由什么组成的?

茱莉亚和姜戈在玩一个游戏,在下面这幅图里找出与互联网有关的东西。其中有五件与互联网没有关系,请你先把它们挑出来。做下面两道题的时候,千万别走到这五件东西所在的圆圈里面。

❶从茱莉亚到姜戈,如果走最短路径,你能碰到几样与互联网有关的东西?

❷设计一条路线,在从茱莉亚到姜戈的路上,能经过所有与互联网有关的东西。

茱莉亚 / IP地址 / 浏览器 / 服务器 / 计算机 / 以太网线 / 手机 / HTTP协议 / 考拉 / HTML / 厕所 / 链接 / URL / 纸杯蛋糕 / 路由器 / Wi-Fi / 压力传感器 / 灯泡 / TCP/IP协议 / 姜戈

讨论一下

在这些东西里,哪些属于硬件?哪些又属于软件?

提示

1、考拉、纸杯蛋糕、厕所、灯泡、压力传感器这几样与互联网没有关系。
2、路径为:计算机→IP地址→浏览器→服务器→HTTP协议→URL→链接→Wi-Fi→路由器→HTML→以太网线→手机。这条路径经过了所有与互联网有关的东西。
TCP/IP协议。

43

什么是网络?

我们身边到处都有网络。网络就是一组互相联系的人或物。

社交网络

家庭、学校、班级都是社交网络，它们由一些人以及人与人之间的关系组成。我们的真实社会生活中有社交网络，在互联网上同样也有社交网络。

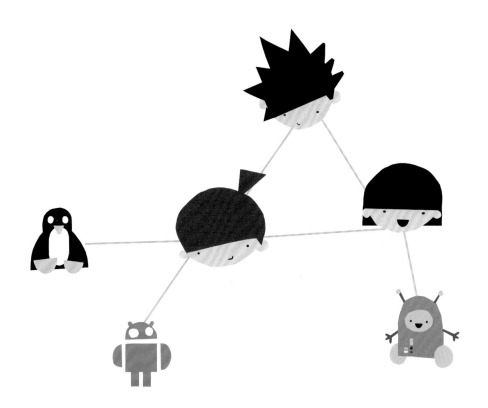

 讨论一下

你处于什么样的社交网络中呢？你能画一幅你的家庭网络图吗？人们为什么要组成社交网络呢？

技术网络

除了社交网络，还有技术网络，比如铁路网络。它由许许多多的火车站组成，火车和铁轨把各个车站连接在了一起。

看下面这张企鹅村的图片。每个小房子应该至少与另外两个小房子相连。请你用手指沿着线走一走，看看能不能发现缺了哪些线。

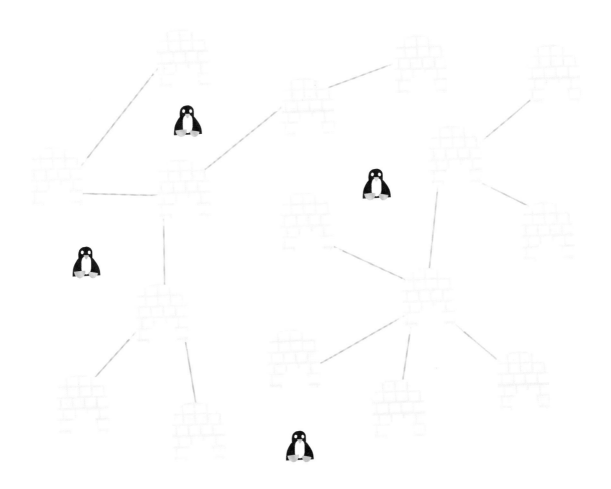

计算机网络

计算机可以通过很多方式连接在一起。下面就给出了几种典型的计算机网络结构。

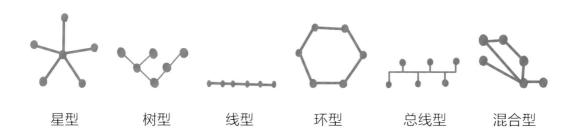

星型　　　　树型　　　　线型　　　　环型　　　　总线型　　　　混合型

右页图中有很多计算机，你能从里面找出上面每一种网络结构吗？

提示：拿一张纸盖住上图。选择右页中一种颜色的计算机，把这种颜色的计算机全部都圈出来，再用线把它们连接起来。记住，连线的方式一定要符合上面网络结构中的一种。

各种颜色的计算机采用的是哪种网络结构？

现在，请你把每组计算机中的至少一台计算机，与另一组中的一台计算机连接起来。这样，你就把许多小网络变成大网络了！

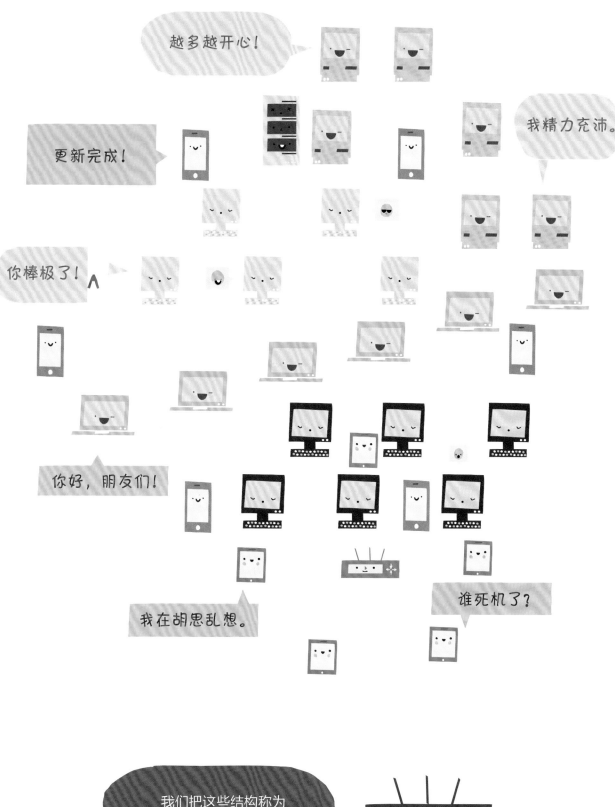

加上链接

链接可以让你更方便地浏览互联网。通过点击一个链接，你可以轻松进入另一个网页，或打开一篇文档。链接可以是文字、图片，也可以是视频。

动物诊所

茉莉亚写了一个指南，介绍如何照顾一只感冒的雪豹。请选择至少三个词语作为链接的入口。它们分别链接到什么地方呢？你觉得什么样的信息会比较有用呢？

冰激凌商店

露比为她的新冰激凌店做了一张海报，还做了一个视频、一张地图和一个菜单。请你看看露比的海报，选一些文字，点击这些文字就可以分别链接到以上的项目。

如何照顾一只感冒的雪豹

● 轻柔地挠它两只耳朵之间的毛
● 给它量体温
● 检查耳朵、爪子、尾巴和肚子
● 给它吃点儿凉牛奶和水果
● 让它好好睡觉休息
● 给它讲故事
● 三天之后才能出去玩

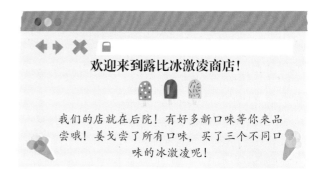

欢迎来到露比冰激凌商店！

我们的店就在后院！有好多新口味等你来品尝哦！姜戈尝了所有口味，买了三个不同口味的冰激凌呢！

姜戈的视频　　位置地图　　菜单网页

 讨论一下

在报纸上找一篇文章。标记出你觉得有用的文字或图片。剪下这篇文章，把它粘贴到一张纸上。为每一个标记链接到的网页写一段简短的描述。

冰激凌商店：可以链接"姜戈"、"视频"、"地图"、"口味"、"菜单"。

动物诊所：可以链接"雪豹"、"体温"、"牛奶"、链接到介绍雪豹的网页、测量体温作用的网页、牛奶的网页。

提示

画出你心目中的互联网

技术图纸里往往把互联网画成云、大爆炸或者星星的样子，甚至是奇怪的一大团。但是，其实没人知道互联网真正看起来像什么。

画出你心目中互联网的样子。请把你自己也画在里面。你能说出自己在哪儿吗?

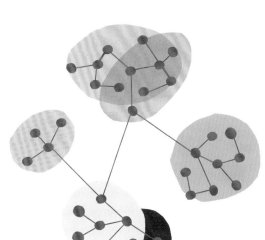

画出与互联网有关的
一些 大东西

画出与互联网有关的一些 小东西

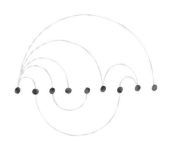

互联网是什么时候建成的？

互联网刚建了40多年，但是它里面的有些电缆却有140多岁了！

第二单元
互联网基础设施

互联网是由有线方式（包括地面光纤、海底光纤）和无线方式连接构成的一个巨大网络。它跨越陆地和海洋，几乎可以到达所有的国家。

工具箱

互联网覆盖了上千万台计算机。互联网中的数据通过电缆、蜂窝塔和卫星在计算机之间传递。

云存储是指数据没有存储在本地计算机上，而是存储在服务器上。

服务器是为用户存储数据和提供服务的计算机，用户包括台式机、笔记本电脑和智能手机等。

路由器是帮助信息在互联网中找到正确目的地的设备。

无线网络通常称为Wi-Fi，是在较小的区域内创建网络的一种方式。在无线网络里，计算机之间不是通过网线而是通过无线电波进行通信的。

网络硬件	光纤	电缆	Wi-Fi

互联网就在眼前

我们往往感觉不到互联网的存在。但如果你仔细观察，就能发现其实身边有很多东西都是互联网的一部分。在你家里里外外转一转，看看有什么发现。

连接设备

●所有连接到互联网的设备都是它的一部分。数一数，你看到了几台台式机、几台笔记本电脑和几部智能手机？

●除了这些，你家还有什么设备也连接上了互联网？

●找到你家的路由器在哪里了吗？

上上下下

●抬头看看树和墙。你能认出哪些箱子可能是连接互联网用的吗？

●看看街道的路面，是不是有很多井盖？互联网光纤往往藏在地下。

●你还需要一个接入互联网的途径。你可以通过互联网服务提供商（ISP）提供的连接方式接入互联网。你看到过ISP的广告吗？

电缆

●你能找到一些连接互联网所用的电缆吗？

●把你看到的所有样式的电缆都画在一张图上。

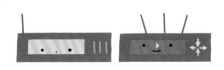

路由器

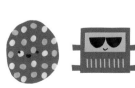 

井盖　　Wi-Fi热点　ISP调制解调器

维修水下光缆

水下光缆是互联网的一个重要组成部分。你听过由于海底光缆发生故障而造成互联网中断的报道吗？这时就需要派维修船赶赴故障地点进行维修。下面地图里的黄点是发生故障的地点，请你派船赶往这些地点。右页中有可供派遣的维修船，请你把它所负责的维修地点在地图中的横纵坐标写在后面的蓝框里。

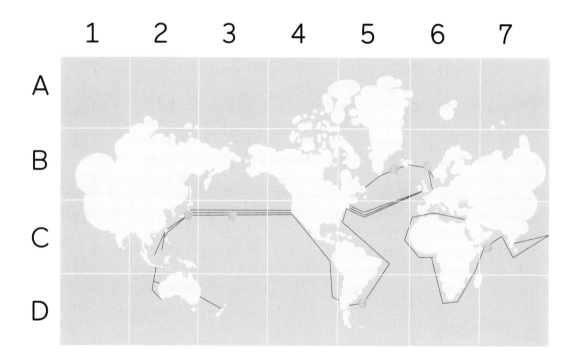

讨论一下

找一幅互联网地图，说说海底的光缆是如何把不同的大洲连接起来的。请你画一幅维修船在海里或者水下机器人在海底维修光缆的画。

●日本附近需要紧急维修，派一艘维修船去执行抢修任务。

●把粉色

维修船派到：①

●格陵兰岛附近有一根老光缆需要更换，需要维修船去处理。

●把黄色的

维修船派到：③

●非洲最东角附近的一座海底火山正在喷发，影响到了这个区域的网速。

●把蓝色的

维修船派到：⑤

●鲨鱼把连接美国和亚洲的一条光缆咬坏了。

●把红色的

维修船派到：②

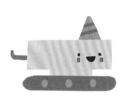

●挪威海岸附近有一根光缆被带钩子的长渔线刮坏了。

●把绿色的

维修船派到：④

●阿根廷附近的海底有船锚拖过，严重损害了那里的光缆。

●把紫色的

维修船派到：⑥

①2C ②3C ③5B ④6B ⑤7C ⑥5D

答案

查找Wi-Fi

在Wi-Fi无线网络中，计算机可以通过无线电波连接到互联网，也可以彼此访问。

每个Wi-Fi网络都有自己的名字。给你自己的无线网络起个名字吧。

为你的Wi-Fi网络设计一个形象并把它画出来。想想这个Wi-Fi小可爱还有什么特征。

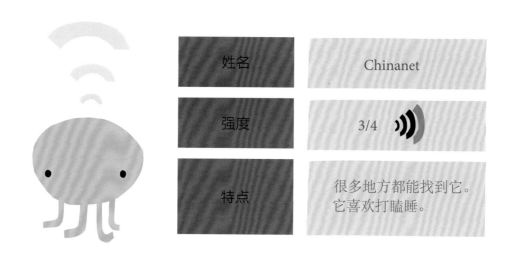

姓名	Chinanet
强度	3/4
特点	很多地方都能找到它。它喜欢打瞌睡。

讨论一下

你是怎么知道哪儿有Wi-Fi的？你能通过笔记本电脑、平板电脑或者手机，找到3个Wi-Fi网络的名字吗？如果你原来没有添加过Wi-Fi，请让你的家长帮你把设备添加到一个Wi-Fi网络里来。

蜂窝塔之战

蜂窝塔和智能手机连接在一起了!

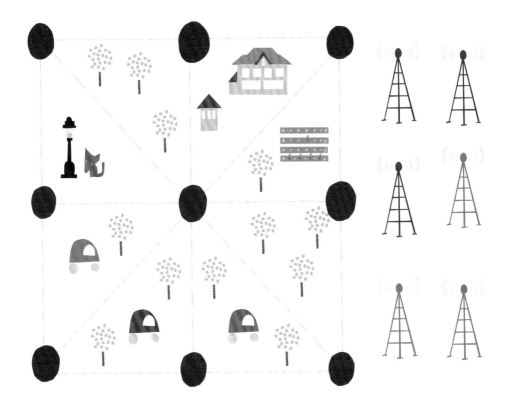

● 这个游戏的目的是看谁先让自己的三个蜂窝塔连成一条线,哪个方向连成线都可以,包括水平方向、竖直方向和对角线方向。

● 每人需要提前准备三个蜂窝塔。你可以在纸上画好蜂窝塔的小样再剪下来,或者找一些小硬币代替。

● 游戏开始后,两人轮流向代表户外基站的粉色圆圈处放自己的蜂窝塔。放完三个塔以后,假如无人成功就继续轮流,每人每次可以移动一个塔,只要空着的粉色圆圈都可以用来放塔。

● 谁最先让自己的三个蜂窝塔连成一条线,谁就赢了。

路由工作

在全球上千万的路由器中，信息传输的路线往往不止一条，而是有许许多多条。大多数路由器可以在几微秒内传输大量的数据，但是每个路由器的繁忙程度是不同的。在下图中，每两个路由器之间的数字代表了消息在它们之间传递所需要的时间。请你看看信息从客户端计算机到服务器有几条路线可走。请你把每条路线上的数字加起来，比一比，看看哪条路线最快，哪条路线最慢。

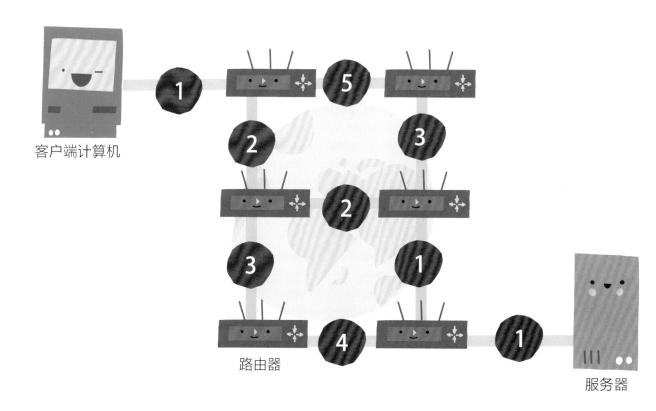

客户端计算机

路由器

服务器

在这张图里，从客户端计算机到服务器，走哪条路最快？

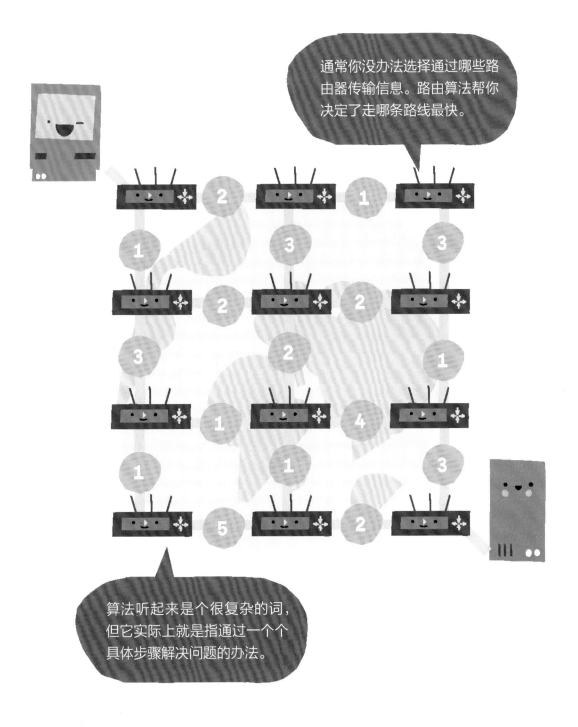

混在一起的服务器

服务器里装着很多东西，比如电子邮件、照片、网站和其他东西。世界上不同地方的服务器往往被连接到一起，组成大的数据中心。

哦，不要！下面这张图里的服务器和客户端计算机混到一起了。你能告诉我，访问每台服务器的客户端计算机是哪几台吗？

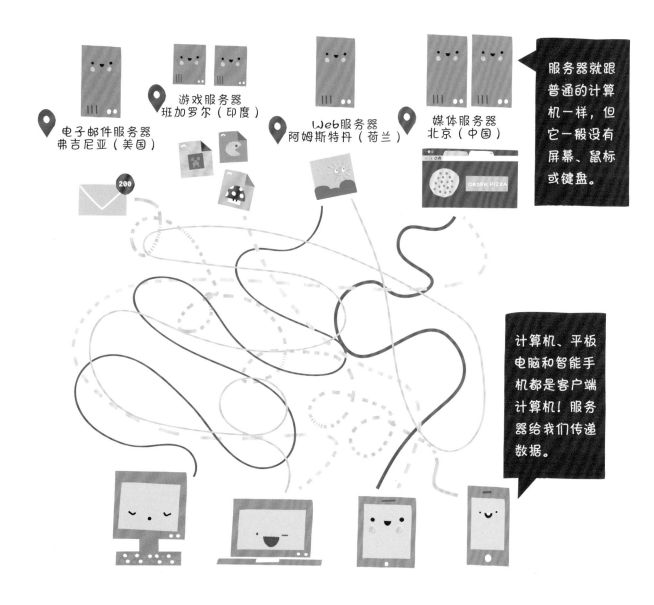

电子邮件服务器
弗吉尼亚（美国）

游戏服务器
班加罗尔（印度）

Web服务器
阿姆斯特丹（荷兰）

媒体服务器
北京（中国）

服务器就跟普通的计算机一样，但它一般没有屏幕、鼠标或键盘。

计算机、平板电脑和智能手机都是客户端计算机！服务器给我们传递数据。

互联网的速度

　　通过互联网的光缆和网络，计算机把消息、图片和视频转换成数字信号来进行传输。数字数据的传输速度可以达到光速！

　　下面这张地球图片周围有一圈圆点。请你逐个点着每个圆点围绕地球转圈儿，越快越好！记下你在10秒钟内最多可以围绕地球转几圈。

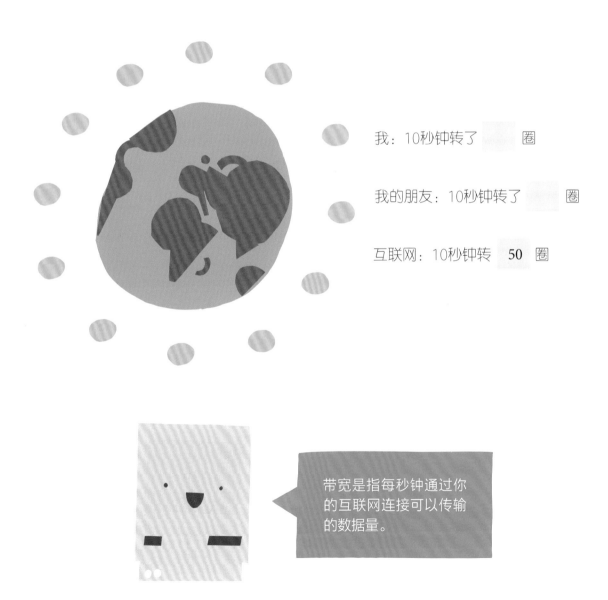

我：10秒钟转了 　　　 圈

我的朋友：10秒钟转了 　　　 圈

互联网：10秒钟转 **50** 圈

带宽是指每秒钟通过你的互联网连接可以传输的数据量。

谁来规定互联网上计算机之间如何对话?

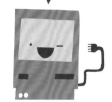

网络协议是由很多个组织共同商定的。这项工作还在进行中。

第三单元
互联网协议

过去，每台计算机都以自己的方式发声。现在，在互联网上，计算机彼此遵守相同的规则——这就是互联网协议。

工具箱

计算机在互联网上传输数据时，首先把数据拆成数万个小数据包，再把它们传送出去。

TCP/IP协议是一组计算机对话和传输数据的规则。互联网上的每台设备，包括你的计算机和智能手机，都有一个唯一的由数字组成的IP地址。虽然计算机使用数字IP作为地址，但为了方便记忆，也为人们提供了由词语组成的地址形式，称为URL地址。DNS服务器里包括所有的地址，它们可以把URL地址转化为IP地址。

分组交换	URL地址	IP地址
TCP/IP	DNS	数字数据

信息看起来像什么？

计算机只能处理数字形式的信息。因此，所有的数据在传输前都需要转换成1和0。在互联网里，计算机传输的不是消息、图片或者视频，而全都是数字1和0。别看只有这两个数字，它们可以做的事情可太多了！

用一张纸覆盖在右边这张图上。按下面的规则给这张图填色。

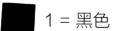 1 = 黑色

　0 = 蓝

　00 = 黄

你发现了什么？你想不想设计自己的像素人物？

			1	1	1	1	1	1	
		1	1	1	1	1	1	1	
	1	1	1	1	1	1	1	1	1
	1	1	1	1	1	1	1	1	1
	1	1	0	1	1	1	0	1	1
	1	1	1	1	00	1	1	1	1
	1	1	1	1	1	1	1	1	1
	1	1	1	0	0	0	1	1	1
	1	1	0	0	0	0	0	1	1
		1	0	0	0	0	0	1	1
		1	0	0	0	0	0	1	1
		1	0	0	0	0	0	1	1
00	00	0	0	0	00	00	00	1	1

61

秘密消息

　　当你在互联网上给朋友传递一个消息或者一幅图片时，数字信息会被拆分成很多小包，这就是分组。互联网中的分组可以通过不同的路线传递给接收者，然后再次组合成原来的信息。每个分组都包含完整的特征描述，包括发送者、接收者以及组合指导说明。你能把这些由露比、茱莉亚和姜戈发出的数据包重新组合一下吗？只要你按数据包的正确顺序排序，就能得到完整而准确的消息了。

至：姜戈 从：露比 排序：3/3 消息：你	至：露比 从：姜戈 排序：3/3 消息：一起玩	至：姜戈 从：露比 排序：1/3 消息：我
至：露比 从：姜戈 排序：1/3 消息：让我们	至：姜戈 从：茱莉亚 排序：2/3 消息：吃	至：露比 从：姜戈 排序：2/3 消息：今天
至：姜戈 从：茱莉亚 排序：3/3 消息：什么	至：姜戈 从：露比 排序：2/3 消息：喜欢	至：姜戈 从：茱莉亚 排序：1/3 消息：今天

至：姜戈　从：茱莉亚　今天吃什么？
至：姜戈　从：露比　今天我喜欢你
至：露比　从：姜戈　让我们一起玩

答案

互联网地址簿

计算机使用数字地址，而人类使用由词语组成的URL地址。DNS服务器里存储了所有IP地址和URL地址的列表。

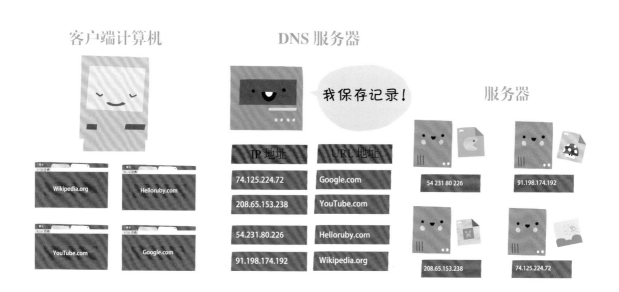

请你利用DNS查找表，找出露比想要访问的网站所对应的URL地址。

URL地址

❶ ❷ ❸ ❹

假如你想访问一个网站，却弹出了一条消息"500服务器内部错误"，这是指这个网站的服务器瘫痪了。"404错误"是指访问的网页并不存在。

答案
① Helloruby.com ② YouTube.com ③ Google.com ④ Wikipedia.org

组装URL

创建URL地址就像是拼拼图。从协议名称开始写，然后把域名的每个部分都添加上去，最后根据需要加上文件路径。

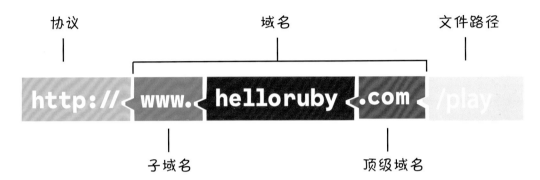

下面是一些URL地址的片段。你能用它们帮露比创建四个URL地址吗？注意它们的颜色和形状，把每个部分放到正确的位置上。创建的URL地址不必用到所有的颜色。

讨论一下

访问你最喜欢的网站，在地址栏里找到它的URL地址并记下来。你能说出它是由哪几部分组成的吗？

答案：

https://www.helloruby.com/secrets
http://helloruby.com/play/2
http://shop.helloruby.com
http://helloruby.awesom

64

你知道什么是表情符号、标签和表情包吗?

不知道? 稍等一下,答案马上揭晓!

第四单元
互联网服务

互联网采用了很多项伟大的技术发明。然而,互联网之所以对我们意义非凡,是因为人们用它与其他人交流和分享信息。

工具箱

互联网影响了我们行为、思考甚至感觉的方式。我们在互联网上表达喜好、打分和评价时,就是在和其他互联网用户建立联系。我们也可以通过网上社区寻求建议和支持。

浏览器是支持我们访问网页的软件程序。假如你不知道哪个网页有你需要的信息,你可以使用搜索引擎。将一个关键词或短语输入搜索引擎,它会提供一个和你的查询条件匹配的网页列表。搜索引擎使用算法来对搜索结果进行排序。

| 网页 | 应用程序 | 创造力 | 搜索 |

设计网站

你是一个网站设计师。这儿有几个客户，你能帮他们设计网站吗？你可以上网看看其他的网站，寻找一些灵感。设计工作的第一步是画框图，然后再补充细节。

我想为我的冰激凌商店设计一个新网站。网站里应该包括所有口味的冰激凌介绍、价格表和商店开门时间。对了，要是能把商店的位置图放上去就更好了。我希望用到我喜欢的颜色：橘黄色、黄色和绿色。

我刚开了一家动物诊所，想请你帮我设计网站。我希望客户可以通过网站预约看病时间。你能把患者的照片也放在网站上吗？

我想为所有喜欢雪城堡的朋友们建一个论坛网站。我们可以在上面讨论、贴照片，还可以给不同的雪城堡评价和打分。

你对哪个领域了解比较多呢？搜集更多资料，为它设计一个网站或者应用程序。

我负责网页的结构。

我负责网页的外观。

我让网页有交互功能！

搜索引擎

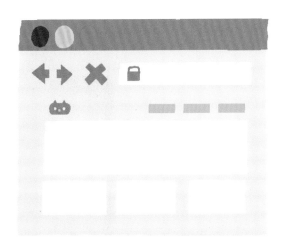

公司网站

在线商店

在投入大量时间建设网站之前，网站设计人员往往以框图的形式把他们的设计想法画出来。他们在纸上用方框、箭头、圆圈和文字等元素设计网站的框图。

让我们保持联系

互联网支持很多种交流方式，比如文字消息、电子邮件、照片、视频、博客和评价等。不同的交流方式有不同的作用，因此它们的风格也就差别很大。右页中有六条消息，请你为它们分别选择一种最适合的表现形式，再在纸上把这个消息设计出来。请你一定要仔细阅读说明，别忘了配上合适的图。

视频消息
消息序号＿＿

即时消息
消息序号＿＿

照片分享APP
消息序号＿＿

电子邮件
消息序号＿＿

群消息
消息序号＿＿

网上店铺
消息序号＿＿

提示

视频消息1　即时消息2　电子邮件3
提示消息4　网上店铺5　照片分享APP6

消息1

从：露比

至：奶奶

消息内容：露比想把她的周末计划告诉奶奶。她有很多好照片想和大家分享。

提示：奶奶喜欢礼貌的语言，她还不知道怎么在互联网上说话，因此可能需要给她发表情符号。

消息2

从：露比

至：茉莉亚

消息内容：露比要去姜戈和茉莉亚家参加一个睡衣派对。露比的爸爸想知道她需要带什么过去。

提示：爸爸很着急，想赶紧知道需要装哪些东西。

消息3

从：露比

至：爸爸

消息内容：露比学习了一些新的日语生词，她想给爸爸一个惊喜，但是爸爸在出差。

提示：爸爸可能在睡觉，在开会，也有可能没有网络连接。定个计划吧！

消息4

从：露比的足球队

至：爸爸妈妈

消息内容：足球训练的时间改了。

提示：爸爸妈妈有一个讨论组。

消息5

从：露比

至：露比的所有朋友

消息内容：露比得到了一张姜戈参加比赛进球的照片，她想跟大家分享。

提示：为照片写个标题，再选几个有趣的标签。贴出照片前，你征得姜戈的同意了吗？

消息6

从：茉莉亚

至：所有机器人爱好者

消息内容：茉莉亚特别喜欢她的机器人，她想和妈妈一起在网上商店写个评价——机器人的电池使用时间太短是个遗憾。

提示：评价是公开的，因此要使用得体的语言。除了评价之外，还要打上星星评分。想出三条让别人也能喜欢这款机器人的理由

艺术挑战

几乎所有的智能手机都带照相机。人们喜欢拍照片和视频，并把它们分享到互联网上。现在，露比请你参加一个挑战。下面有一些描述，你能想出符合每个描述的物品吗？请把它们拍下来，或者用正确的颜色画出来。

一种能吃的橘黄色物品

在书或杂志里找浅粉色物品

长在室外的绿色东西

你们学校里的浅紫色物品

一张含黄颜色的自拍照片

以淡绿色为背景，给你喜欢的玩具画个像

你喜欢的一样紫色物品

一件不属于你的淡蓝色物品

一个有生命的粉色东西

给你的照片或者图画画上边框装饰，再把它们粘贴在一张纸上，要是加上标题就更好了。

当你要在网上发别人的照片时，一定要事先征得对方的同意。

表情符号

表情符号是我们在文本消息、电子邮件等网上交流活动中用到的一些图形化符号，比如人脸、天气、食物、动物和动作等。表情符号是我们在消息中表达幽默、反应等感觉的一种方式。因为键盘上只能提供很少量的表情符号，人们就开始创造更多新的表情符号，甚至表情符号本身也逐渐发展成为一种语言。

● 讲故事。有时候很难解释每一个表情符号传递的是一种什么样的信息。你使用下面每一种表情符号的场景是什么样的？编个故事吧。

● 起名字。给下面每个表情符号起个名字。把你起的名字和朋友起的做一下对比，看看要不要改变主意呢？

● 练习。荒唐的表情是什么样的？疑惑不解的表情呢？你能做出所有表情符号所对应的表情吗？
● 设计。设计自己的表情符号。你可以用硬纸板和小亮片等材料把它制作出来。

自己做一个视频频道

准备好了吗？跟朋友们一起来做一个视频频道吧！每个人都能成为明星！你可以在这里自编、自导各种节目，再请大家做评价。

① **创建自己的视频频道。**把下面这个网页画在一张厚纸板上。从中间剪出一个矩形下来，作为播放视频的屏幕窗口，透过它可以看到后面表演的节目。

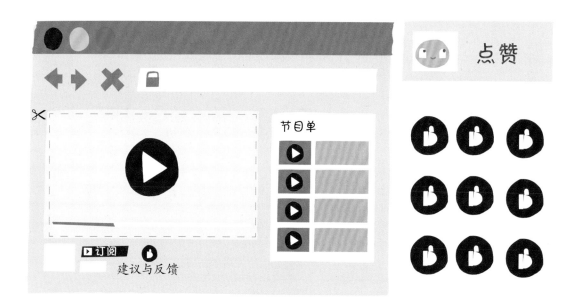

② 给你的频道起个名字，并写在屏幕的下面。

③ 剪一些小纸条用来写评论。再多做几个竖大拇指的小图标。

选择你要制作的视频类型。

我的一天
说说你的作息规律或者计划安排。

模仿视频
重现图书、电影、电视剧或者其他视频里的一个场景。

你想知道吗?
介绍一件你很了解的事情,比如你喜欢的游戏。

拆包
把一个包装好的东西拆开。

挑战
向观众提出一个挑战。

小节目
讲个笑话或做个滑稽的表演。

 击个掌吧! 你和朋友轮流到屏幕后面去表演直播视频。别忘了互相评价和点赞哦!

你是一个明星了!互联网上的视频很多,但有一些是有危险的,千万不要模仿!

寻宝游戏

　　和露比一起锻炼解决问题的能力，与你的家长一起完成搜索任务吧。在互联网上搜索以下问题，并列出你的搜索结果。

- 用十种语言说"你好，露比"。
- 找出从你家到一个朋友家的路线。
- 通过看视频学习一项新技能。
- 找到一个制作巧克力的方法并尝试做一下。
- 找到你出生的那天有哪些历史事件。
- 找到一张戴红围巾的企鹅的照片。
- 找出从你出生到现在已经过了多少天。
- 先读一篇文章，再在网上找出与它有不同观点的另一篇文章。
- 分别用两个搜索引擎搜索"世界上最可爱的动物"。把两个搜索结果的前几名列出来，看看有哪些是相同的？

很多人通过互联网针对一个问题开展合作，并得出解决方案的过程叫作众包。

讨论一下

你能说出几个不同浏览器的名称吗？搜索引擎呢？

爬虫警报!

搜索引擎使用一种微型软件机器人(被称为网络爬虫或网络蜘蛛)来收集不同网页上的信息。网络爬虫从一个链接爬到另一个链接,并把数据带回服务器。在下面这张图中,网络爬虫应该按照什么顺序移动,才能把所有网站的数据收集全呢?

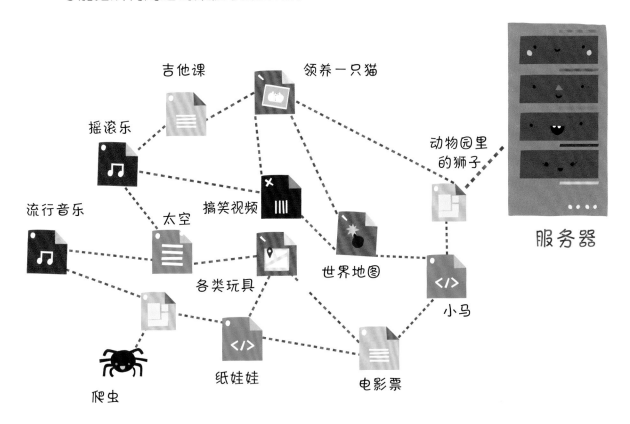

服务器为了返回正确的搜索结果,需要用到两百多个数据进行匹配,比如关键字、标题和链接等。假如以下面这些词语作为关键词搜索,你认为分别会返回上面的哪个网页?

- "日本的位置"
- "伦敦狮王"
- "卫星"
- "玩具娃娃"
- "音乐"
- "猫视频"

第五单元

小心啦！

你可以在互联网上做很多好玩儿的事情。但是请记住，不是你在网上看到或听到的每一件事都是好的或正确的。

工具箱

很多网上服务都收集与用户有关的数据，有时会让我们提供名字和电子邮件地址，有时会把我们在网上的操作数据记录下来。

安全是面对互联网时的最大挑战。互联网上有很多时刻存在的风险，而且每天都有新的风险出现。因此，我们才更需要保护好自己的隐私，确保安全。在互联网上，你可以通过安装安全硬件或软件加强保护，但最终起关键作用的是你自己的行为。

| 隐私 | 安全 | 恶意软件 |

露比的安全上网规则

网上不是每件事情都是真的。小心网上的宣传，不要被那些吓唬人的东西把心情搞坏。如果你在上网时遇到了任何让你感觉不舒服的东西，一定要告诉你的家长。

个人数据是我们的隐私。把个人数据保存好，不要把地址和电话号码这样的信息分享给别人。很多应用程序和网站会收集你的个人信息，在设置选项时应选择不提供，并且设定每个应用程序可以访问什么内容。在选项中设置你的年龄：为孩子们提供的服务一般比较严格。

互联网可以记住任何事情。永远不要把你不希望长期保存的内容写到网上或者上传到网上。

密码很重要。学会设计安全性强的密码并且记住它。

恶意软件到处都是。每次下载和安装程序时，都应该和父母一起检查。

讨论一下

还有哪些安全上网规则呢？

个人动态

我们无形中都在网上分享了很多个人信息，网站可以通过你的操作过程发现你的偏好和习惯。请你回答下面这些问题，如果有些问题你答不出来也没有关系，跳过就好了。

5 你最近在网上查询过什么内容？

4 你给什么内容点过赞？

3 你看过哪些视频？

2 你带手机去过什么地方？

1 你给谁发了消息？

请你的家人或朋友也来回答这些问题。把大家的回答打乱，能不能看出每个答案都是谁回答的？猜猜回答问题的人是男的还是女的？这个人大约多大年纪？根据这些线索把这个人画出来。把画像挂起来举办一个小型艺术展。

讨论一下

在上面这些信息中，有哪些是你愿意与最好的朋友分享的？哪些是你愿意与一个陌生人分享的？

真的还是假的?

因为每个人都可以在互联网上说点什么，所以有时候网上的信息并不是真的。为了能分清哪些是真的、哪些是假的，你一定要注意这个信息的来源、谁写的、什么时候发表的、用了什么样的图片，等等。

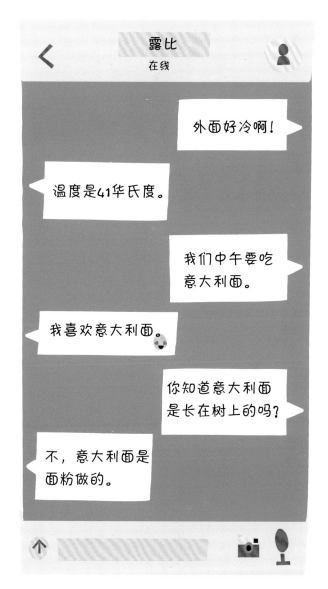

事实和观点

露比和茉莉亚在聊天。你来说一说哪条消息是事实，哪条信息是观点。为什么有些陈述是事实，有些陈述是观点呢?

讨论一下

讲两个故事，其中一个是真的，而另一个是假的。让你的朋友问问题，再让他们猜猜哪个故事是真的。看你讲的故事能不能把你的朋友给骗了!

广告还是文章?

广告是通过介绍一些产品，比如玩具、食物和游戏等，让人们产生购买欲望。互联网上充斥着各种广告。同时，广告也使得互联网的免费服务成为可能。但是，判断哪些内容是广告却往往有些困难。

这是露比家乡的网站，网页中有一些是新闻，有一些是广告。

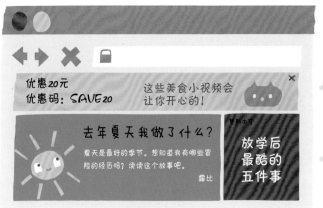

这是/不是一个广告，因为:

这是/不是一个广告，因为:

这是/不是一个广告，因为:

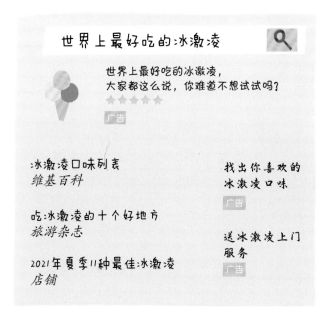

哪条搜索结果是广告？哪条搜索结果最符合露比查询的要求？

你的浏览历史可能被记录并用于商业目的。看看下面的对话框，你能通过显示在上面的广告看出露比访问过什么样的网页吗？

真的免费吗？

免费游戏往往不是真的免费，有时它会要求你完成一些任务，才可以继续玩它。你能从下图中找出体现这个游戏并不真免费的三件事吗？

病毒造成的混乱

每天都有新的恶意软件在网上发布，包括间谍软件、木马病毒、钓鱼软件和其他漏洞等。它们的出现真是令人讨厌。

这是哪个病毒干的?

屏幕上的所有字符都掉到了屏幕底部。请你根据下面的线索把导致这个问题的恶意软件找出来。

嫌疑犯：

加德病毒　　　　大脑病毒　　　　学生病毒

目击者1：
我敢肯定病毒里有紫色和粉色。

目击者2：
我记得病毒的眼睛是方形或三角形的。

目击者3：
别的我没注意到，但我知道病毒里没有蓝色。

哦，不! 计算机又被病毒感染了。这次它通过一个电视节目把报价单发得到处都是。

嫌疑犯：

蠕虫病毒　　　　震荡波病毒　　　　梅丽莎病毒

目击者1：
我只知道这个病毒肯定不包括黄色。

目击者2：
我知道病毒的眼睛是绿色或蓝色的。

目击者3：
我记得病毒的尾巴和腿都特别短。

DDoS（分布式拒绝服务）

当一台计算机被黑客控制并发送大量的请求时，它就会给服务器造成负担，从而降低服务器的运行速度。这种操作被称为DDoS攻击。哦，不！有两台机器对可怜的服务器发送了太多的请求，导致网站瘫痪了。你能找到哪两台机器向服务器发送了很多请求吗？

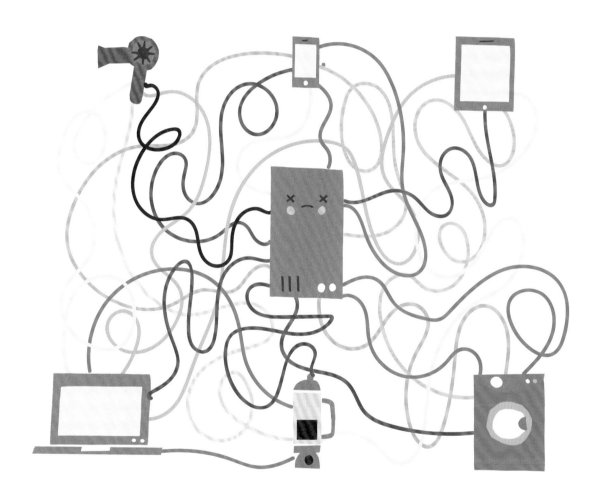

讨论一下

画一幅病毒的画像，并给它取个名字。想一想怎样做才能防止你的电脑感染某种特定的病毒？

钓鱼

钓鱼是一种网络欺骗行为，它让用户将虚假的服务当成是真的。假的电子邮件和URL地址往往看起来和真的没什么差别。下面这些地址中哪些是真的属于HelloRuby网站？哪些不是？你可以参考一下前面的练习16。

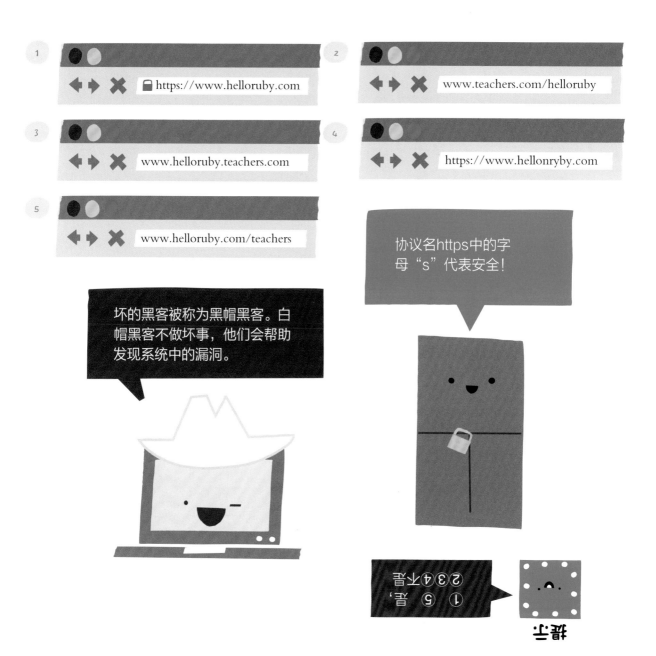

1. 🔒 https://www.helloruby.com

2. www.teachers.com/helloruby

3. www.helloruby.teachers.com

4. https://www.hellonryby.com

5. www.helloruby.com/teachers

协议名https中的字母"s"代表安全！

坏的黑客被称为黑帽黑客。白帽黑客不做坏事，他们会帮助发现系统中的漏洞。

答：1和5，不是2、3、4。

保守秘密!

互联网上的大部分信息都是开放的,这是指路由器可以在传递数据包时看到数据。如果你在互联网上发送消息并希望它们在传输过程中保密,最重要的就是先将它们加密。加密是保护数据在传输中不被泄露的一种编码操作。当加密后的消息到达目的地后,可以复原成加密前的消息,这个过程叫作解密。

茱莉亚写了两条消息,她用下面的编码密钥对它们进行加密。消息里面的每个小图标都代表一个字母。你能用这组密钥把茱莉亚的信息解密出来吗?

消息 1

消息 2

第六单元

互联网的影响

互联网是一项不可思议的发明。它在很短的时间内给我们的生活带来了巨大的改变。

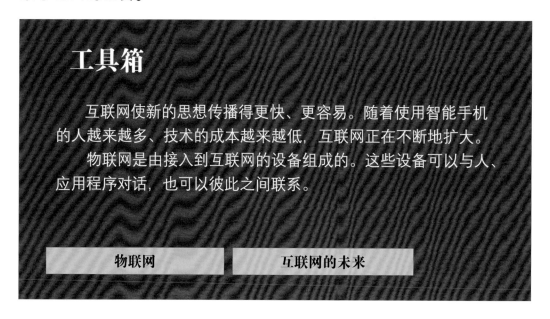

工具箱

互联网使新的思想传播得更快、更容易。随着使用智能手机的人越来越多、技术的成本越来越低，互联网正在不断地扩大。

物联网是由接入到互联网的设备组成的。这些设备可以与人、应用程序对话，也可以彼此之间联系。

| 物联网 | 互联网的未来 |

复制、复制、再复制

　　互联网是一台大大的复印机，互联网上的每一次点击、每一张图片和每一个操作都会被复制很多遍。一条消息在从路由器到服务器传输的过程中，会被分解为多个副本，再在不同的服务器上还原成原始消息。仔细观察下图，你能数出每一个图标有多少个副本吗？

线上生活

我们日常生活中有很多事情都可以在互联网上做。下面有一个列表，请你想一想，这些事情现在是不是都可以在网上做？分别使用哪个应用程序或者网站？你还想到了有哪些事情可以在网上做？

没有互联网的时候	任务	有了互联网以后
	看动画片	
	分享照片	
	写日记	
	搜索信息	
	给朋友和家人打电话	
	找电话号码和地址	
	听音乐	
	和朋友聊天	
	查看天气	
	购物	
	玩游戏	
	付钱	

互联网是由许许多多微小的部分松散地连接在一起的。尽管互联网上许多应用程序、网站和服务是由大公司提供的，但实际上任何人都可以参与互联网的建设。

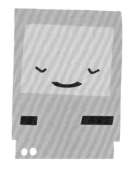

一切都在网上

将来，我们身边的很多物品都会连接到互联网上。请你把下图中黄色方框里的物品和对应的蓝色方框里的动作连上线。

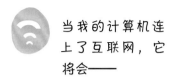

当我的计算机连上了互联网，它将会——

这些是露比举的例子：

● 当我快到家时，通知我的家人。

电话 + 位置 + 消息

● 日出时，打开窗帘，用我的闹钟播放一首叫醒歌曲。

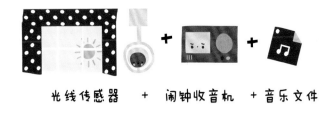

光线传感器 + 闹钟收音机 + 音乐文件

兔子食物 + 压力传感器 + 电子邮件

● 如果兔子饿了，就给我发邮件。

建设你自己的互联网

经过了一夜以后，所有的雪都融化了。雪做的互联网、露比、茉莉亚和姜戈都不见了。现在轮到你来建互联网了。找一张纸，画出一个像右页那样的表格。请用尺子画线，可以保持线的笔直哦。

茉莉亚

茉莉亚对于建互联网的建议

加上下面这些设备：

● 一部手机（A4）

● 一部平板电脑（B2）

● 一台笔记本电脑（B5）

● 一台服务器（D3）

● 一个连接互联网的特殊设备（A3）

● 把所有设备都连接到计算机网络里。这个网络结构图叫什么？（提示：复习练习3）

姜戈

姜戈的建议

加上下面这些东西：

● 计算机之间通过一定的网络协议彼此交流。写上这个协议的名字（B3）

● 在C3的位置放一个DNS服务器，把它和D3的设备连接在一起

● 写上你最喜欢的网页的URL地址（C4）

● 写上你使用的浏览器的名字（A1）

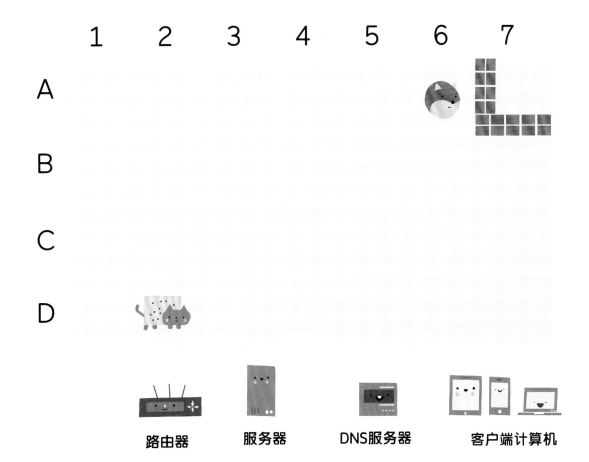

	1	2	3	4	5	6	7
A							
B							
C							
D							

路由器　　　服务器　　　DNS服务器　　　客户端计算机

露比

露比对于建设互联网也有一些建议

加上下面这些东西:

● 为了保护你的互联网不被恶意软件侵害，在A7处画一个防火墙，再在它的后边画几个愤怒的病毒。

● D2上画的是我最喜欢的东西。它是什么颜色的？在B7处画一件你喜欢的互联网上的东西。

● 下面哪些词最适合用来描述你的互联网：温和的、有趣的、严肃的、可靠的、可怕的、独立的、聪明的、令人兴奋的。你可以自己再想一些形容它的词语，把最后选好的词写到D7上。

● 把你听说过的有关互联网的好玩儿的事写或者画在空白处。

术语表

5G

第五代移动通信技术，提供人与人、人与物以及物与物之间高速、安全、自由的连接。

算法 Algorithm

算法是解决问题的一组具体步骤，像Google或Bing这样的搜索引擎运用搜索算法对结果进行排序。

应用程序（APP） Application

应用程序指的是计算机程序。应用程序在网络、手机和计算机上随处可见，比如各种各样的游戏和文字处理应用程序等。

带宽 Bandwidth

信息通过互联网连接传播的速度。

浏览器 Browser

为用户访问和浏览网页提供服务的软件程序。

客户端 Client

使用由服务器提供服务的设备或软件程序，例如笔记本电脑、平板电脑和智能手机等。

云计算 Cloud computing

由互联网提供的计算服务。通过云计算，我们可以在服务器上存储数据和进行计算，而不必将数据存储在本地计算机上。

网络爬虫或网络蜘蛛 Crawler or Spider

搜索引擎用来收集不同网页信息的软件机器人。

DNS（域名服务） Domain Name Service

将URL（域名）转换为IP地址的服务。

光缆 Fibre optic cable

承载以光信号形式传输数据的通信线路。

HTTP（超文本传输协议） Hypertext Transfer Protocol

一种用于在网络上传输文件的协议。HTTPS是安全版本的HTTP协议。

互联网 Internet

全球范围内计算机共享信息的网络。

物联网 Internet of things

万物相连的互联网，实现人、机、物的互联互通。

互联网软件 Internet software

互联网所使用的指令、协议和程序等。

IP地址 IP address

为任意连接到互联网的设备分配的唯一数字串。

ISP（互联网服务提供商）

Internet Service Provider

提供互联网接入服务和其他服务的公司或组织。

网络 **Network**

一组相互联系的人或事物。

网络硬件 **Networking hardware**

互联网的电气或机械部分，比如电缆、路由器、服务器等。

网络协议 **Network protocol**

一套关于互联网如何工作的规则，例如数据包如何在互联网上传输。网络协议是互联网上的所有计算机都能相互理解的保证。

网络拓扑结构 **Network topology**

指组织计算机网络的不同模式。常见的网络拓扑结构包括星型、总线型、网格型、环型和树型等。物理拓扑图描述各个网络设备的位置，逻辑拓扑图反映数据在网络中的传输形式。

恶意软件 **Malware**

指扰乱计算机正常运行的任何软件，包括病毒、网络钓鱼、木马和其他攻击等。

数据包 **Packets**

通过网络发送的数据单位。消息必须分解成数据包才能在互联网上传播。

路由器 **Router**

帮助信息到达正确的互联网目的地的设备。

搜索引擎 **Search engine**

一种支持用户在网页上搜索信息的程序。搜索引擎使用算法对搜索结果进行排序。

服务器 **Server**

存储数据并向其他计算机提供数据或服务的计算机。

TCP/IP（传输控制协议/网际协议）

Transmission Control Protocol / Internet Protocol

最重要的互联网协议之一，是每台计算机在发送和接收数据包时遵循的一个分步指导。

URL（统一资源定位符）

Universal Resource Locator

一个容易记住的地址名，方便用户访问网页。

网（万维网） **World Wide Web**

万维网是互联网的一部分，可使用Web浏览器访问。它由大量的承载网站服务的网络服务器组成，各网站相互连接。

Wi-Fi

一种由无线电波发送信息的无线通信方式。

基本的编程技能。在过去的几年中，"Rails Girls"的志愿者在全球270多个城市举办了编程学习研讨会。

琳达曾经在纽约一家拥有全球数百万用户的编程教育公司Codecademy工作，之后她决定专注于编著儿童图书。她认为这是向孩子们介绍技术、计算机和计算思维的最好的途径之一。琳达在荷兰阿尔托大学学习商业、设计和工程，并在斯坦福大学学习产品开发。

琳达相信代码是富有创造力的符号，是二十一世纪的通用文字和语言。我们的世界会越来越依赖于软件来运转，而每一个孩子都应该了解更多的编程知识。讲故事是把科技世界介绍给孩子最好的方法之一。

您可以在露比相关网站上订阅电子月刊，定期接收有关儿童科技教育的前沿信息和理念。

作者琳达·刘卡斯（Linda Liukas）是芬兰人，生活在赫尔辛基，她是一位计算机程序员，也是作家和插图画家。"HELLO RUBY"系列的第一本书出版于2015年，迄今为止，"HELLO RUBY"系列图书已将版权销售至20多个国家。2017年，"HELLO RUBY"凭借有趣的教学理念，赢得了中国设计智造大奖（DIA）的金奖。

琳达最早通过众筹网站Kickstarter首次推出了"HELLO RUBY"的创意，仅用3个多小时就实现了1万美元的募集资金目标，使它成为这个活动中获得资金最多的儿童图书项目。

琳达是计算机科学教育领域的核心人物之一。她的题为"用一种愉悦的方式教孩子们计算机知识"的TED演讲已有180多万人次观看。此外，琳达是"Rails Girls"的创始人。"Rails Girls"是一个著名的全球性组织，它面向世界各地的年轻女性推广